あなたのクルマが
駄目になる
ワケ教えます。

クルマが長持ちする7つの習慣

松本英雄
Matsumoto Hideo

まえがき

以前、日産のとあるクルマに30年近く乗り続けている人を取材したことがあります。その車体は、とても程度のいい状態をキープしていました。

さぞかし手をかけているんだろうなと思ったものです。特にボディの状態がよくて、それこそピカピカでした。ワックスがけなんかもまめにしているような雰囲気がありました。ところがお話を聞いていくうちに、

「ワックスなんてかけたことないね」とおっしゃるではありませんか。

「そんな面倒なことはしない。ただ、雨で濡れたときはさっと雑巾で拭いてるけどね」

「ワックスよりもそっちのほうがよっぽど面倒じゃありませんか？」と私は尋ねました。

「人間だって風呂上がりには体を拭くだろ。濡れたままでいたら気持ち悪い――」

この方はさらに興味深い話をしてくれました。機関類の調子もたいへんよさそうだったのでそのことを伝えたら、

「必ず定期的にディーラーに点検してもらってるだけだよ」とのことでした。

この方は小遣いのほとんどをクルマに費やすとか、年中クルマを自分でいじっていると

か、いわゆるマニアではありません。普通のクルマに普通に乗っているだけです。

今、クルマは乗る人々の間で新車の買い控えが進んでいます。みなさんいろんな事情から、今のクルマはもう少し長く乗ろうとか、もう一回車検を受けようとか、あるいはこれから買うクルマは10年は乗ろうといった心づもりがあるのでしょう。

しかし、同じクルマに意識的に長く乗った経験のある人は少ないのではないでしょうか。先ほどお話しした方は、いとも簡単に「長く乗る」ことをやってのけているように見えます。しかし、クルマに対して「雨に濡れたらさっと拭いてやる」といった心遣いができるということは、クルマのいろんなところにも自然に気配りができているのです。素っ気なくおっしゃってはいましたが、クルマの扱い方をご存知なのです。

実際、やってこられたことは理にかなっています。ボディのツヤにとって水分は大敵です。一定期間でかならず整備に出すということは、消耗品はもちろん経年変化で劣化するパーツなども、悪くなる前にきちんと交換している証です。しかも、同じクルマを長期にわたって同じディーラーに出していると、年数が経てば経つほどディーラーのほうもたいへん丁寧に扱ってくれるようになります。

さて、この本では「クルマを長持ちさせる」ために7つの項目を立てています。長年、学校でクルマのことを教える傍ら、世界中の新車に乗り、さまざまな中古車を触り、古いクルマの多種多様な故障を修理し、いろんなタイプのクルマ好きを取材しました。その経験をもとに、クルマの特性から導き出した観点、それを扱うドライバー側の行動様式から導き出した観点で、「クルマを長持ちさせる」ためのエッセンスを抽出したつもりです。

タイトルにあるように「習慣」を身につけましょうなんていう物言いは、偉そうで本当はイヤなのですが、クルマを長持ちさせるためには「特別なときに何か特別なことをする」というのでは駄目なのです。

とはいえ、難しいことは何ひとつありません。先ほど例に出した話は数十年という単位ですが、クルマは意識の持ち方と、ひと手間ふた手間で、10年は余裕でもってくれます。

タイトルでは『クルマが長持ちする〜』となっていって、日本語としてはおかしいですよね。本来はここまでもそう述べてきたように「クルマを長持ちさせる」が正しいはずです。そのため、本文中は基本的に「クルマを長持ちさせる」で通しています。

ではなぜタイトルは違うのかといえば、一読していただいたあとには（クルマに詳しい方は拾い読みで構いません）、「クルマを長持ちさせる」ための習慣が身についていて、あとはもう自然に「クルマが長持ちする」ようになっている（なってほしい）からです。

アナタの「クルマが長持ちする」度チェック

この本を読み始める前に
まずはご自身の「クルマが長持ちする」度を計ってください。
日頃、クルマとどのように付き合っているかがわかれば
今、所有しているクルマ
もしくはこれから購入しようと思っているクルマに
どれだけ長く乗っていられるかを知る目安となります。
結果は次の頁をご覧下さい。

YES or NOでお答えください。

Q1	気がつくとハンドルを片手で握っている	YES NO
Q2	人のクルマの運転席に座るとハンドルが近いと感じる	YES NO
Q3	人から運転がうまいとよくいわれる	YES NO
Q4	乗っているクルマの乗り心地が悪くなってきても気にしない	YES NO
Q5	自分のクルマのエンジン音を聞き分けることができる	YES NO
Q6	少々の振動ならば気にせず乗っていられる	YES NO
Q7	中古車は必ず試乗をしてから購入する	YES NO
Q8	信頼できる中古車屋(営業マン)を知っている	YES NO
Q9	気に入った中古車であれば、内装の程度の悪さには目をつぶる	YES NO
Q10	ハイオク指定車にレギュラーガソリンを入れる(入れた)こともある	YES NO
Q11	バッテリーはできるだけ安い価格のものを購入している	YES NO
Q12	タイヤにはこだわっている	YES NO
Q13	ときどきエンジンを高回転まで回している	YES NO
Q14	信号待ちのときシフトレバーの位置はDレンジのままだ	YES NO
Q15	新車を買ったときは必ず慣らし運転をする	YES NO
Q16	VDIMがなんの略であるかを知っている	YES NO
Q17	DSGの機能をなんとなく理解している	YES NO
Q18	ハイブリッド車やディーゼル車にはまったく興味がない	YES NO
Q19	ここ数か月、ボンネットを開けた記憶がない	YES NO
Q20	この1年以内に自分で洗車をした	YES NO
Q21	自分のクルマに装着されているタイヤの空気圧の数値がいえる	YES NO

コレがあなたの「クルマが長持ちする」度です

	YES	NO
Q 1	0	1
Q 2	0	1
Q 3	1	0
Q 4	0	1
Q 5	1	0
Q 6	0	1
Q 7	1	0
Q 8	1	0
Q 9	0	1
Q10	0	1
Q11	0	1
Q12	1	0
Q13	1	0
Q14	1	0
Q15	1	0
Q16	1	0
Q17	1	0
Q18	0	1
Q19	0	1
Q20	0	1
Q21	1	0

合計点数	
21点	完璧です。あなたは一生涯同じクルマで過ごせるほどの達人です。
18〜20点	上級者です。その気になれば10年、20年と長持ちさせることはできるでしょう。
15〜17点	あともう少しです。それなりに長持ちさせる能力は持っています。
12〜14点	平均です。潜在能力はありますので、あと少しの努力です。
11点以下	問題ありです。この本を隅から隅まで読み込みましょう。

ここでの点数はあくまでも目安ですので、あまり気にしないでください。点数がよかった人は、この本を通じてさらにその能力を高めてください。あまり点数がよくなかった人はこの本をしっかり読んで「クルマが長持ちする」度をアップさせてください。

Q1〜Q3の点数が低かった人は特に習慣1を熟読してください。
Q4〜Q6の点数が低かった人は特に習慣2を熟読してください。
Q7〜Q9の点数が低かった人は特に習慣3を熟読してください。
Q10〜Q12の点数が低かった人は特に習慣4を熟読してください。
Q13〜Q15の点数が低かった人は特に習慣5を熟読してください。
Q16〜Q18の点数が低かった人は特に習慣6を熟読してください。
Q19〜Q21の点数が低かった人は特に習慣7を熟読してください。

もくじ

習慣2　トラブルに強くなれば、クルマは長持ち

習慣1

運転の癖を直せば、クルマは長持ち!

染みついた運転の癖がクルマをダメにする

「なくて七癖」などといいます。
人の運転にも実に多くの癖があります。
一度染みついた癖はそう簡単にはとれませんが
その癖がクルマにとっては命取りです。
変な乗り方をされてきたクルマは
まず間違いなく程度の悪いクルマです。
運転の上手な人のクルマは
癖がなくてとても乗りやすい状態にあります。
運転に特殊な技能は必要ありません。
ほんの少しの気遣いでいいのです。
1年や2年ならまだしも3年、4年と時を経ると
その運転の癖がクルマのいたるところを
傷め始めるのです。
クルマにやさしい運転術を身につけましょう。

アクセルの踏み方で燃費は大違い

年々高騰する原油の値段。家計を圧迫してしまうことは否めません。そんな時代だからこそ燃費に気を遣った運転を心がけたいものです。

燃費を左右する最大のファクターはエンジンのコントロール、すなわちアクセルペダルの踏み方です。この踏み方だけで燃費が2割も改善するといわれています。

クルマもさまざまなタイプのモデルがありますが、最近では電子スロットルという装置がモーターをコンピューターで制御して、運転の条件に合わせた最良のコントロールをしてくれます。

アクセルペダルを素早く踏み込めばスパッと加速しますが、このときは燃料（ガソリン）が最大限に噴射されて空気もたくさん入ります。燃料をたくさん使うわけですから、燃費は悪くなります。気持ちはわからないでもありませんが、必要のない所で必要以上にアクセルペダルを踏み込んでいる人が実に多いのが現状です。

まず、アクセルペダルを素早くではなく、ゆっくり踏み込んで加速する癖をつけましょう。加速したと思ったら少しアクセルを戻して下さい。ここでアクセルペダルを完全に戻してはいけません。

ほんの少しだけアクセルペダルに足を乗せる程度で踏んでいるのがベストです。微妙な操作ですが、常に意識してやっていれば、簡単にできるようになります

そうすることによって完全なエンジンブレーキにはならず、完全に戻した状態よりもエンジンの抵抗が少なくなりますので燃費がよくなります。

これは、街中運転でも高速の運転でも有効に使えるアクセルペダルの踏み方なのです。

クルマの種類でアクセルペダルの踏み方は変わる

今挙げたのは通常のエンジンを搭載したクルマの場合ですが、エンジンの排気量が小さいままで倍の排気量並みの出力を得られるというモデルもあります。たとえば、軽自動車のターボモデルなんかがそうです。

こうしたターボがエンジンに取り付けられたクルマは、特にアクセルの踏み方で燃費が大きく変わってきます。

発進時にはしっかりとアクセルペダルを踏んで燃料を多く送り込んでやり、一気に出力を高めることが大事です。

ターボ車ではアクセルペダルの踏み込みが甘いと、充分にそのターボ特性をいかせず、かえってパワーをロスすることになるからです。ただし、急発進とは違いますので、くれぐれも気をつけてください。

そのあとは、先ほどと同様にアクセルを完全に閉じずに足をアクセルペダルに軽く乗せるような感覚で運転してください。

そうすればこのエンジンの効率のいい部分だけを使うことになりますから、ヴィヴィッドな走行性能と低燃費を両立できるはずです。

こうしたアクセル操作の習慣は地味なものですが、日々の運転において習慣づけることで、1か月や1年単位ではガソリン代にかかる費用を大きく軽減できます。

ハンドルを持つ手の位置の違いでクルマは壊れる

クルマを長持ちさせるには、毎日の運転の積み重ねが重要になってきます。ハンドル（ステアリング）の操作もその一つ。十人十色といってもいいほど癖が出やすい操作でもあります。

まず持ち方ですが、教習所では「10時10分の位置を持ってください」なんて教わります。しかし、免許をとって運転にも慣れてくると、さまざまな持ち方になってきます。

最近ではほとんどのクルマがパワーステアリングですから、片手でもスイスイとハンドルを切ることができます。

しかし片手では万が一手を滑らせてハンドル操作を誤ることもありますし、必要以上にハンドルを切る傾向も強くなります。

この「必要以上にハンドルを切る」というのが、クルマにダメージを与えます。

パワーステアリングは人の手の力を増幅させてタイヤの向きを変えるので、運転している人にはハンドルを切ることによって、どれくらいクルマに負荷がかかっているのかがわかりにくくなってます。

今ではすっかり聞かなくなりましたが、昔の人は「据え切りをするな」などといって、止まった状態でハンドルを切ることを戒めていました。

走っている状態でハンドルを切ることは、さほど操舵系の装置に負担はかかりません。

しかし、止まった状態では想像以上に負担がかかるものなのです。

油圧を使ったパワーステアリング装置では、停まっている状態からハンドルを切るとエンジン回転が下がります。つまり、それだけエンジンにも負担をかけるほどパワーが必要ということなのです。

電動式のパワーステアリングであれば、エンジンにはそれほど負担はかかりませんが、操舵系にかかる負担は同じです。操舵系の装置は壊れてしまうと、安くない修理費がかかります。

ちなみに、ハンドルがロックするまで切るのはもってのほかです。異音がするのですぐにわかるはずです。

ハンドル操作のお手軽改善法

「いつも必要以上にたくさんハンドルを切っているなあ」と自覚のある人は、この際、ハンドル操作の改善を行ってみてはいかがでしょうか。

まずは、車庫入れのときから始めてみるのも手です。

今までハンドルを目一杯に切って車庫入れしていた人は、四分の一ほど回転を戻してみてください。いっぱいにハンドルを切らなくてもたいていの場合、入れられるはずです。ハンドルを切る量が最小限になるような、車庫入れの仕方を工夫することで、知らず知らずのうちに一般走行でもハンドルの切り方が最小限になってきます。

このほかに手っ取り早くハンドルを切りすぎる癖を直す方法があります。

冒頭でもお話ししたように、「ハンドルを持つ手の位置」を基本に戻す方法です。これだけでも、日頃の粗雑になってしまった操作感覚を修正できます。

「なんだ簡単だ」と思われるかもしれませんが、片手運転をするような癖がついている人は、そう簡単に10時10分の位置に手はきてくれません。意識していないとすぐに片手になっていますよ。

助手席の背もたれに手をまわしてバックするのはNG

車庫入れの話が出たついでに、ここでは車庫入れがいまいちスムーズにいかないという人のために、その解決の手引きをします。コツは二つあります。

一つ目は最初にクルマを止める位置。車庫入れにとまどっている人の多くが、車庫入れする前の位置取りに問題があります（バックギアに入れるときにいる場所）。

駐車するときは余裕を持って大きくクルマを動かすことが大原則です。わかりやすくいうと、普段クルマを停止させる位置よりも少し前に進むということです。距離があるということは、それだけ目標に到達するまでにクルマを動かす余裕ができるということです。

二つ目はサイドミラーの使い方です。何度も何度も切り返しては車庫入れをする人の多くが、亀のように首を伸ばして後方をたびたび確認しています。もちろん、目視というのは安全面では必要です。

しかし駐車するためにはサイドミラーでの確認を有効に使うのがコツです。

巷では「助手席の背もたれに手を回し、後ろを振り返ってバックする男がかっこいい」なんて話をよく耳にしますが、あれが駄目です。極端にいえば、あんな大げさに後ろを振り返る必要はありません。

目視ばかりに頼って駐車していた人は、サイドミラーを見ながらの駐車というのは慣れるまでは怖いかもしれません。ですから、最初はゆっくりでいいです。ゆっくり動かせば必要以上にハンドル操作をしなくてすみます。

サイドミラーを上手に使いこなすためには、ミラーのポジションにも気を遣う必要があります。サイドミラーをあまり見ない人の多くに、サイドミラーの位置が外側に向いている傾向がみてとれます。

サイドミラーを見ると、クルマのボディの側面が少ししか映っていない状態です。これだと駐車するときに自分のクルマの位置を把握しづらいので、少し内側に向けましょう。ただし、サイドミラーは駐車するときのためだけにあるのではないので、ほかの用途（走行中の後方確認）も考慮しながら微調整してください。

習うより慣れろのシートポジション

みなさんはクルマのシートポジションをどのように決めていますか？　シートポジションにはその人なりのこだわりや癖がありますね。

「軽く腕を曲げた状態でハンドルを握ってみてください」といった教習所で習うシートポジションは比較的前寄りの位置取りです。

私が推奨するのはもう少し腕を伸ばし気味にしたスタイルです。理由は簡単です。万が一の事故の場合でも、ハンドルを握った腕で身体を支えることができるからです。腕を軽く曲げた状態では腕は曲がりやすくなります。

エアバッグで支えてはくれますが、本来は自力で支えるのがセオリーだと思うのです。ときどき体をななめにして運転している人を見かけますが、これは論外です。当たり前ですが、体はステアリングやペダル類に対して、きちんと正対させてください。

さらに、足の曲がり具合もチェックしてください。足が深く曲がったポジションよりも軽く曲がったぐらいのほうが、アクセルやブレーキペダルのコントロールを細かくできます。最初はハンドルやブレーキ、アクセルペダルなどが少し遠めだと感じるでしょうが、しばらくすれば慣れますので安心してください。

余談ですが、中古車を見てまわっていると、ときどき外観はきれいだけどシートがへたって破けているクルマを見かけます。

これは乗り降りのときに擦れて破れるわけですが、クルマを長く乗るにはできるだけ擦れないようなシートポジションが最適なのはいうまでもありません。要は前寄りのシートポジションをとっていると、それだけ運転席の空間が狭いわけで、自ずと窮屈なクルマの乗り降りになってしまうということです。

ブレーキを踏む足が大きく動く人は要注意

クルマの免許を持っていない人でも、人の運転するクルマに乗ったときにその人のブレーキの踏み方に気がつくはずです。ガクンと前のめりになるようなブレーキを連発されれば、さすがにイイ気持ちはしませんよね。スムーズなブレーキこそが、同乗者とクルマに優しい運転なのです。

上手なブレーキのかけ方はこんな感じではないでしょうか。一緒に乗っていて、いつブレーキを踏んだのかわからない状態で速度が落ちていく、何事もなかったようにスッと停まる。要するに同乗者の頭がふらふら揺れたりしないブレーキ操作ということです。

これには特別な技術は何も必要ありません。ブレーキペダルをどれくらい踏み込んだ時点でブレーキがききはじめるかのか、そしてそのまま踏み込んでいくとクルマがどのような状態になるかを把握して、とにかく気を遣ったブレーキの踏み方をするだけです。

悪い例をひとつ出しておきましょう。クルマの揺れが激しい運転をする人の多くは、ブレーキペダルを踏むときに足全体が大げさに動いています。上手な人は足首を支点にしてつま先でコントロールしています。ただし、緊急時には足全体を使ってでも力いっぱい踏み込んでください。

普段からブレーキをソフトに優しく踏むことで、クルマの各部にかかる負担も軽くなります。タイヤなどはその最たるもので、タイヤへの負担が少ないということは、無駄なダストを出さずにすみ、ひいては環境にも優しいということに繋がっていきます。

MT車に優しいプチテクニック

最後にMT（マニュアルトランスミッション）車の運転術についてお話ししておきましょう。今や絶滅の危機にあるタイプで、ある種マニア向けの感も否めない現状ですから、そこまでクルマ熱にうかされている人以外はここは読み飛ばしてください。

まず、冷えているときにギアが入りにくい症状の対処法から。無理に入れていては傷むのは当然です。しかし、そんなときもちょっとしたコツで入れやすくなるものです。

一つは発進して2速へのシフトアップは、エンジン回転をあまり上げずにすることです。そうすると比較的スムーズにシフトアップができ、冷えたエンジンにも負担が少ないのです。

次に基本的にギアの入りにくいクルマでは、たとえば3速から2速に入れる場合に直接2速に放り込まずに、一度、2速に入れるような感じで、2速の入り口あたりにチョンと当ててからもう一度入れると、ギアがスムーズに入りやすくなります。

MT車は変速の仕方で燃費も大きく変わってきます。エンジンに無理がかからない回転でシフトアップすれば、それだけ走行抵抗も少なくなり燃費がよくなります。

要はマメにシフトアップしていけば、トランスミッションにも大きなトルクをかけないので負担は少なく、クルマに優しくなるというわけです。

MTの変速にはクラッチの操作は不可欠です。半クラッチを有効に使うことによって、トランスミッションへの負担は少なくなり、しかもスムーズなシフトアップ&ダウンを行えます。

あまり半クラッチを使うとクラッチが減っちゃうと思っている人もいるかもしれませんが、むやみにエンジン回転を上げて高負荷で頻繁に操作するのでなければ、それほど減るものではありません。

エアコンをつけっぱなしの罪

「運転」とはちょっと違ってきますが、エアコンの使い方というのも人によって癖があります。

最近のクルマにはオートエアコンが標準装備されています。確かに快適ですが、不必要にスイッチをオンのままにしていませんか？

最近のエアコンはエンジンにも負担をかけにくい仕様になっています。それでも試しにオートエアコンをオフにしてみてください。

クルマが軽やかに走り、その違いに驚くことでしょう。

小排気量のクルマほど如実にわかります。やはりそれだけエンジンに負担をかけているという証です。

さらにいえば、燃費に関してもはっきりと違いが出るほど影響します。

必要なときだけエアコンを入れて温度調節をするのというのが、クルマにも環境にもやさしい行為です。

窓の開け方ひとつで車内の心地よさが変わる

車内の空調という点では、窓を開けるというのがプリミティブですが、いい方法です。そのとき窓を全開にしてはいけません。

クルマは走行していると、Aピラー（運転席の斜め前にある柱）から後方は負圧が発生します。専門的にいうと、ベンチレーション効果が発生しています。そこで窓を少しだけ（1か所のみ）開けると、その効果のおかげで換気扇の吸い込みのようになります。するとあれよあれよという間に中の空気が吸い出されるのです。よどんだ車内の空気を追い出したいときには効き目バツグンです。これは雨の日にも使える手で、窓ガラスのくもり防止にもなるのです。

真夏にはエアコンの風量を最大にして、冷気をむさぼるように浴びる人がいます。しかし、風量を増してもあまり効果はないのです。風量の目盛りは2くらいにして、外気導入にしておくと、高原にいるような心地よい車内空間が持続します。バッテリーへの負担も軽くてすみますので、ぜひ試してみてください。

習慣 2

トラブルに強くなれば、クルマは長持ち

はっきりと気が付いたときには壊れている

「トラブルに対処する」なんていうと
なんだか専門的な感じがしますね。
しかしここでいうトラブル対策とは
そのトラブルをできるだけ早く察知しましょう
もしくは傷の浅いうちに
直してもらいましょうということです。
クルマは人間と同じで必ず病気にかかります。
病気になったときの最善策は
早期発見、早期治療です。
あまりにも高い修理代がかかるなら
買い換えようかなという気にもなってきます。
クルマを長生きさせるためにも
クルマが発するトラブルの兆候を
見逃さない習慣を身につけてください。

「ガタガタ」という振動を感じたら

ものすごく当たり前な話からはじめますが、クルマのエンジンというのは吸入、圧縮、燃焼、排気という4つのサイクルで成り立っています。このサイクルがスムーズにいっていれば、基本的にエンジンは調子がいいはずです。

しかし、この中の一つでもうまくいかないと、それがたとえば振動となってドライバーに調子の悪さを伝えます。

では、エンジンの調子の悪さはどうやったらわかるのかというと、エンジンをかけただけ（アイドリング状態）でもすぐにわかります。

エンジンをかけた瞬間にエンジンルーム（ほとんどの場合クルマの前側）が「ガタガタ」とするのは、エンジンがバランスよく動いていない証拠です。AT車の場合は、PレンジからDレンジに入れると、さらに振動が激しくなります。

やっかいなのは、程度の問題にもよりますが、しばらくはそのままでも走っていられるということです。

ですが、このまま放置しておくと、エンジンが壊れてクルマは動かなくなります。修理代もたいへん高くつきます。

エンジン自体の調子が悪いわけではなく、エンジン内に火花を散らす役割を担うプラグのコードが劣化しているというケースもあります。この場合もやはりガタガタという感じで伝わってきます。

ガソリンをエンジンに噴出するインジェクションという部分も、問題が生じやすい箇所です。不具合がおきて適切な量をエンジンの内部に送り込めないと、効率よくガソリンが燃えてくれません。燃費も悪くなります。

アクセルペダルを踏んでも前ほどの力が出ないので、ついついよけいに踏みこんでしまうという悪循環になるのです。

「カラカラ」という音は最悪

エンジンのまわりには、振動を抑える手段のひとつとしてマウントという部品を配しています。これはゴム製なのでどうしても経年変化で劣化して、硬くなります。このマウントが原因で振動を起こす可能性があることも、頭に入れておいてください。

いずれにしろ、「ガタガタ」という振動を感じたら、なるべく早く修理してもらってください。振動はクルマの大敵です。

長年にわたる振動は、ボクシングでいうところのボディブローのようにクルマの随所にダメージを与えます。もちろん、乗っている人の疲労度にも影響を及ぼします。

エンジンをかけているときに、「カラカラ」「カツカツ」などと乾いた音がすることがあります。この場合はかなり悪い知らせです。

その音がする要因を説明するには、エンジンの構造をこと細かに述べる必要があるのでここでは省略しますが、エンジンのパーツのひとつにタペットという部分がありまして、そこにトラブルが起きていることが考えられます。

これらの音の要因のすべてが、タペットの不具合によるものとは断定はできません。しかしタペットであれば、エンジンが動いているからといって放置すると、大規模な修理の必要性がでてきます。

早い段階なら、調整などのわりと納得の出来る範囲の修理費ですみます。カラカラ音がした場合は、そのままにして乗っていてはいけません。とにかく可及的すみやかにディーラーやショップでみてもらいましょう。

エンジンまわりからの異音でいうと、補器類を動かしているベルト（ゴム製）が「キュンキュン」「シュンシュン」と鳴っていることがあります。これはベルトが劣化して硬くなり、空回りしている証拠です。切れるとハンドルは重くなり、クルマが動かなくなるおそれがあるので、直ちに修理してもらってください。

ブレーキを踏むとハンドルが「ブルブル」する

ハンドルにはクルマのさまざまな情報が伝わってきます。

ブレーキを踏んだときにハンドルが「ブルブル」と震える場合、ブレーキにトラブルが起こっている可能性があります。

今、ほとんどのクルマはディスクブレーキというシステムを採用しています。文字通り回転するディスクをパッドと呼ばれる部品で挟んで止める仕組みになっています。

問題が起きている場合の多くが、このディスクかパッドに原因があります。たとえば、本来はディスクの表面は平らであるはずなのに、わずかに歪んでいて、そのせいでパッドがきちんとディスクに密着しないということがあります。

なぜ、ディスクがそういう状態になるかというと、やはり乱暴な運転でしょう。ディスクはある意味、消耗品（摩耗するため）です。「習慣1」でもお話しした通り、ブレーキの踏み方に気を遣わない運転をしている人のディスクは均一に摩耗しないのです。パッドの側にも同じようなことがいえます。

とはいえこの時点では、とりあえずブレーキはきくし、まったくきかないわけではないので、なかなか修理に持って行かない人が多い傾向にあります。

交換してもそれほど高価なパーツではありませんし、調整といったレベルで解決することもありますので、そのままにしておかないで修理に出してください。なんといってもブレーキは安全には欠かせないものですから。

停止直前、ハンドルを切っていないのにクルマが曲がる

ついでにブレーキに関するトラブルに触れておきましょう。

ブレーキを深く踏んでいくと、ハンドルを切っていないにもかかわらず、なぜか右や左

に曲がってしまうことがあります。

これはブレーキの片ぎきが原因です。本当は左右のブレーキの動きが均等でなければいけないのに、片方のブレーキが強い、あるいは片方が弱いという場合に発生します。

大きく左や右に曲がるということでなければ、だましだまし乗るという人もいますが、ほとんどがブレーキのオーバーホールを行うと直るので、いつまでも放っておくのはやめましょう。

これはクルマのトラブル全般にいえることですが、軽傷の（クルマが走っている）うちに直すというのが鉄則です。

トータルでみればこまめに手を入れるほうが、安くあがります。クルマを長生きさせるための秘訣でもあります。

さらにもう一つブレーキのよくあるトラブルといえば、ブレーキを踏んだときに「キーッ」という不快な音がするアレです。

これはブレーキパッドに問題がある証拠です。

「ギー」という強い音（低音）がする場合、パッドがすり減ってしまっている証です。

「キュルキュル」という耳障りな高い音がする場合は、ディスクとパッドの相性が悪いことが考えられます。定期的にメンテナンスに出しているクルマではこういう音は出にくいです。また純正のパーツを使っていれば、まず音は出ません。近年は音が出ないような素材に変わってきてもいます。

ちなみに、ブレーキの部品の交換をするときは、できるだけメーカー純正の部品を使うようにしてください。

安いものを選んだりすると、異音の原因になり、ものによってはブレーキのききが悪くなることすらあります。

走っているとクルマがガクンとする

運転している（AT車）ときにシフトダウンのショックが大きくなったと感じたら、それは危険な兆候です。

トランスミッション（エンジンからの動力を上手に変換し、効率的に使うための装置）に問題が生じています。

これはATフルード（潤滑油）の交換だけですんでしまうような軽傷のケースもありま

すので、早めに修理に出してください。

重傷の場合、つまりトランスミッションの修理とか交換といった話になると、かなりの出費を覚悟しなければなりません。

トランスミッションにはトラブルを抱えないことがなによりです。そのためには、ATフルードの交換を定期的にすることが必要です。最近のクルマのなかには無交換を謳うタイプもありますが、長く乗りたいのであれば、やはり2～3万キロくらいで交換することをオススメします。

「新車を買ってから数年、数万キロ走ってるけど一度も交換したことがない」という人も、これを機会にぜひ交換してみてください。絶対とはいいきれませんが、交換する前と比べてクルマが静かになったように感じられるはずです。

ボディブローのように効いてくるトラブル

路面からの衝撃を吸収してくれるサスペンション。ドライバーやクルマの各部位にダイレクトに衝撃を与えないためにも大切なパーツであることはいうに及びません。

運転していて、「ゴキゴキ」「コンコン」という音が車内に響くような感じがしたら、サスペンションを疑ってみてください。この部分のトラブルは振動ではなく、音で伝わってきます。

サスペンションの機構のなかには、ショックアブソーバーとブッシュというパーツがあります。

そのうちブッシュのほうは簡単にいうとゴムでして、このゴムが衝撃を和らげるのに大きな役割を果たしています。

ここまで何度もお話ししてきたように、やはりゴムですから年数が経つと劣化して硬くなります。硬くなると本来は吸収できていた力を吸収できなくなるのです。

一概にはいえませんが、「ゴキゴキ」「コンコン」という音はブッシュを交換すれば、改善されることがあります。値段も高くありません。

なかには「そういう異音は気にならない」という人もいます。放っておくと事態は悪化する一方ですよ。

衝撃を吸収する本来の役割が果たされないことで、クルマの各部に悪影響を及ぼします。たとえばドアのたてつけなどに影響が出たり、ブレーキのききが悪くなったりすることもありますので、くれぐれも用心してください。

不必要な衝撃（振動）は長い時間をかけて車体を弱らせていくと思っていてください。気がついたときには、クルマはヘロヘロになっています。

乗り心地が悪いと感じたときの対処法

さきほどの「ブッシュ交換」というのは、乗り心地が悪くなってきたなと感じたときにも手軽に（安く）使える手です。ブッシュを替えるだけで、大幅に乗り心地が改善されるケースがあります。

乗り心地が悪くなったといって相談したり、修理を依頼したりすると、「ショックアブソーバーを替えてみましょうか」といわれることがあるようです。

修理をしてくれる所が全部そうだとはいいませんが、ショックアブソーバーは部品代が高いわりに取り替える工程が簡単です。

そんなわけもあって「とりあえずショックアブソーバーを直して（交換して）みましょうか」ということになりがちなのです。

もちろん、ショックアブソーバーも大事ですが、ブッシュがへたっていてはたとえ新品のショックアブソーバーにつけ替えてもその効果は半減します。

ブッシュは部品代が安価なわりに、修理に手間がかかります。そのぶん工賃はかかるということです。

長く乗りたい人は、ショックアブソーバーだけでなくブッシュにまで気をまわすようにしてください。

乗り心地という点では、タイヤも大きく関係しています。

タイヤは路面のインフォメーションをいち早くキャッチするパーツです。タイヤが硬くなっていると、路面からの振動がおもいっきりサスペンションに伝わるため、乗り心地に影響が出てきます。

また、タイヤは路面を走る際に発生する音を吸収する役目も果たしています。ですから、タイヤが経年変化によって硬くなると、音（ゴーッというロードノイズ）が発生しているはずです。

タイヤを交換してみるというのが、ときとして乗り心地の改善に大きく貢献してくれるのですが、タイヤに関しては「習慣4」で詳しく述べます。

「ニオイ」は危険な兆候

昔のクルマに乗っていると、いろんなニオイ（トラブルによる）がしたものですが、最近のクルマではほとんどそういったことはありません。

逆にいえば変なニオイを感じるときは、まず何かしらの問題があると思って間違いないでしょう。

異臭の代表的な種類は、排ガスのニオイとガソリンのニオイです。

車内にいるのに排ガスのニオイがするときは、マフラー（排気系のパーツ）の故障を疑ってください。

最近のクルマのマフラーは、ステンレス製なのでそうそう錆びたりはしません。しかし、クルマの用途が近所の買い物だけという人は気をつけておいたほうがいいでしょう。

大ざっぱに説明すると、クルマはその原理上（ガソリンを燃やして走るという）、燃焼する際に発生したガスを排出する部分に水がたまります。

しばらく走行していたら、エンジン（マフラー）はあたたまって、その水分は蒸発してくれます。

ところが、エンジン（マフラー）が温まる前にクルマを停めてしまうと、マフラーの中に水がたまったままになってしまうのです。

車内がガソリンくさいときは、キャニスターという排ガスを再利用する部品が壊れている可能性が考えられます。

走行に支障をきたすことはありませんが、人体にはよろしくないので、早急に修理してください。

「何かが漏れてる！」というときは迷わず修理

クルマから何かしらの液体が漏れているのを見つけたときは、それが何であれすぐに修理の依頼をしてください。

どうしたんだろうと悩んでるだけ無駄です。

ちなみに、漏れているものは、エンジンオイル、ATフルード（ミッションオイル）、ラジエター液、ブレーキフルードなどが考えられます。

このうち漏れている可能性が高いのは、エンジンオイルとラジエター液です。

エンジンオイルは文字通りオイルですのでドロッとしています。ラジエター液は赤、青、緑などの色がついているので、わりと判別しやすいと思います。

何はともあれ、どれもクルマにとっては欠かせない存在です。ドボドボと漏れているときには手遅れです（すぐにクルマは走らなくなってしまいます）。

そうした事態を招かないための簡単な方法があります。

駐車場からクルマを出したら、そのまま出かけていかずに、たまにはクルマから下りて駐車場の地面を見る習慣を身につけてください。そうすれば、何かが漏れていればすぐに気がつくはずです。

よく「クルマの下から何か漏れてるんです！」と相談されることがあります。そういうとき私は必ず「その漏れてるものを触ってみた？」と尋ねます（クルマに詳しい人にはいません）。

なぜなら、エアコンを付けていたことで発生した水がクルマの下にたまっているだけの場合があるからです。みなさんも、触ってみてください。触れば水と油の違いはすぐにわかります。

窓の開け方でわかる運転のレベル

最後に電気系のトラブルについて少し触れておきましょう。

電気系の故障を事前に察知するのは非常に困難です。あるときなんの前触れもなく、パタっと壊れてしまうことが多いのです。

そんなわけで、電気系は事前の処置というよりは、壊れたときの修理の仕方についてお話ししたいと思います。

よくある故障が電球切れ。ライトが点かない、ウィンカーが点かないなどです。このときぜひとも覚えておいてほしいのが、壊れた箇所の電球だけを交換するのはやめたほうがいいということです。

たとえばフロントの右側の電球が切れたとします。その際、前後4つのウィンカーの電球を交換するということです。

「ほかの3つは使えるのに無駄！」という声が聞こえてきそうですね。

ところが、1か所だけ替えると、そこだけ電気の通りがよくなってしまい、ほかとのバランスがくずれてしまいます。

電気が関係する機構は、常に均一に安定した電力が供給されていることが、長持ちさせるための大切な要素です。今や自動車の部品のほとんどがリサイクルされるので、環境的にも無駄とはなりません。

電気系の消耗品は、壊れる前に定期的に交換するのが理想です。しかし現実的にはそうもいかないでしょうから、どこかが壊れたらそこと同じ箇所もついでに替えるということを覚えておいてください。

余談になりますが、パワーウィンドウの扱いが雑な人をときどき見かけます。ああ見えてパワーウィンドウは非常にたくさんの電力を必要とします。

窓が開ききって（閉まりきって）いるにもかかわらず、必要以上にスイッチを押しっぱなしにすると、相当な電力を食ってしまいます。屋根にある電動ルーフも同様です。

とても些末なことに感じるかもしれませんが、こういった小さなことが、実はその人のクルマの扱い方（運転技術）をよく表しているのです。

習慣

3

目利きになれば、クルマは長持ち！

ちゃんとした中古車を買えばクルマは壊れない

安い値段で程度のいい中古車という
掘り出しものを見つけることは
実は非常に難しいことなのです。
もちろん、それにこしたことはありませんが
それよりも買ったあとに壊れない、
お金のかからない中古車を
きちんと選ぶというのが
現実的でかつ賢い選択です。
中古車を選ぶときのポイントを挙げると
キリがありません。
ここでは必要最低限のポイントに絞りました。
そして、そのポイントの一つ一つは
「長持ちする」のキーワードに
かかってくるものです。

見た目は直感が勝負の分かれ目に

非常に漠然としていますが、中古車選びではまずそのクルマの全体を見たときの、「なんだかこのクルマはシャープだな」とか「シャキッとしているな」とかといった直感を大切にしてください。

逆にいうと、「なよっ」としていたり「ぼよーん」としていたりするように感じるクルマはまず駄目です。

「ビシっ」とした雰囲気を漂わせているかどうかが大事なポイントなのです。難しいことをいうようですが、なにも特別な知識はいりません。必要なのは、自分の欲しいタイプのクルマを何台も「見る」ということなのです。

1台決めるのに最低同じタイプの車種を5台は見てほしいと思います。とにかく、多く見れば見るほどそのビシっと感の違いがわかるようになります。

同じような値段でも中古車それぞれで、見た目の雰囲気がずいぶんと違うことがわかってもらえるはずです。特に欲しい色が決まっているなら、同色のものを2、3台見比べるとよりその違いを認識できるでしょう。

クルマの全体を見終えたら、今度は塗装面を念入りに見てみましょう。そのときわざとらしいまでに表面がピカピカしている（ワックスがかかっている）ものは、その輝き分を割り引いて考えたほうがいいでしょう。

最近は中古車の情報表示に対する取り決めが厳しくなっているので、事故を起こしているかどうかはしっかりと表記されています。

しかし、かすり傷程度では事故に含まれず、そのところだけ部分補修されていることがあります。

あまり神経質にならなくてもよいのですが、買った後に塗った部分と元の車体の色が違っていたりするとイヤな気分になるので、念入りにボディを見ることを心がけましょう。

エクステリアはこのほかにもいろいろと情報を提供してくれます。たとえばライトが黄ばんでいる場合、屋外で保管していたということを示しています。都市部などの不動産状況を考えるとしかたのないことかもしれませんが、屋内で保管されているものと比べると、いい状態とはいえません。

それからクルマの前面やミラーの部分を見ると、跳ね石の傷の目立つクルマがあります。

タイヤを見ると、角がとれていて丸い感じになっているクルマがあります。

こういったクルマは、よくスピードを出していた、もしくは乱雑な運転をされていた可能性があります。

ところで、エクステリアを見るときの時間帯ですが、やはり昼間のうちに見ることをオススメします。

ただし、あまりにも日差しが強い場所では、塗装面が反射して状態がよくわからない場合があるので、日陰にクルマを移動してもらうといいでしょう。

最後に裏技的なことを一つ。手が汚れることを気にしなければ、タイヤハウスの裏側を触ってみてください。

手に泥などの汚れではなく、オイルがついたら要注意です。かなり高価な部品が壊れそうな兆候のひとつです。

車内のニオイでわかる本当の程度

ドアを開けてまず気にかけたいのが、ニオイです。タバコや香水など、自分にとって気になるニオイの有無をチェックしてください。

中古車ですからさすがに新車のあのニオイを望んでも難しいですが、きれいに乗っていた人のクルマなら、まず変なニオイはしません。

ニオイに関して念を入れるなら、一度エンジンをかけてエアコンを回してみることも大事です。きついニオイ（カビくさいなど）がある場合、このニオイを取り除くのは至難の業なので気をつけてください。

なぜこれだけニオイについてうるさくいうのかというと、車内に染みついたニオイは消臭スプレーなどで消そうと思っても消えるものではないからです。とにかく、乗ったときになんだかイヤだなというニオイがするクルマは避けたほうがいいでしょう。

また、ドアを開けるときには必ず左右のドアを開けてください。どちらかがあまりにも柔らかかったり、硬かったりする場合は要注意です。車体に何かしらの不具合がある可能性が考えられます。

さて車内に入ったら、じっくりとシートを観察してください。シートがきれいなクルマというのは、それだけで「程度のいいクルマだ！」と断言したくなるほど、大切なポイントです。

次にハンドルを見てみましょう。樹脂製でも革製でも同じことがいえますが、ハンドルが妙にピカピカ光っている場合や、妙にくたびれている場合は、それだけよくハンドルを回していたということです。

これらの状態をつくりだす要因は、「習慣1」でお話ししましたが、必要以上にハンドルを切って運転している悪癖によるものです。

こういう運転をする人のクルマは、いろんな箇所がくたびれていること多いので気をつけましょう。

また、エアコン、オーディオ、パワーウィンドウなどのスイッチ類にも目を配ってほしいと思います。ここもやはり乱雑に使っていた人のクルマは、それなりのくたびれ方をしています。

中古車というとどうしても外観の程度に目を奪われがちですが、実は内装のほうがずっと重要なのです。

いってしまえば、外観（ボディの塗装など）はあとで直せます。内装はそう簡単にはいかないと覚えておいてください。

中古車は、以前乗っていた人のクセがなるべくないインテリアが理想的なのです。

ボンネットはとりあえず開けてみる

エンジンルームについては知識がないとわからないことも多いのですが、まったく見ないで中古車を買うのは危険です。

エンジンルームを見れば、乗っていた状態がわかります。

簡単なポイントをチェックするだけで、そのクルマが定期点検や整備にきちんと出されていたかどうかの判断材料の一つになります。

まず、ボンネットを自分の手で開けてみましょう。お店の人に「エンジンルームを見せてもらえますか」といってしまうと、お店の人が開けてしまいます。そうではなくて、「エンジンルームを見たいので、ボンネットを開けてもいいですか」と尋ねましょう。

その際、開き具合がスムーズかどうかを確認してください。事故車などはボンネットがゆがんでおり、ギシギシとかガコッとか変な音がする場合があります。

開いたら、全体的な雰囲気を感じてください。すべての部品が必要以上にピカピカしているクルマはは要注意です。

手入れの行き届いた代物ならいいのですが、「きれいに見せている」という可能性もありますので。汚いエンジンルームは問題ですが、ある程度の汚れがあるほうが自然な状態といえます。

細かい部分ではゴム類の点検が重要になってきます。ホースの部分が白っぽくなっていたり、直接手で触ってみて表面がやたらと硬かったりするものは、明らかに劣化している証拠です。

バッテリーがやたらと汚い（古い）ものもよくありません。詳しくは「習慣4」のところで説明しますが、電気系統は定期的に替えていないと、クルマは長持ちしません。バッテリーは新しいにこしたことはありませんので、古いようだったら値引き交渉のときにでも、バッテリー交換を条件の一つにするのも手です。

こうしたゴム類やバッテリーなどは消耗品なので、普通に定期点検に出していれば、目立つような劣化は見られないはずです。

最後に少し専門的になってしまうかもしれませんが、リザーバータンク（冷却水のタンク）もできれば確認してください。

本来は青や赤などきれいな色のはずですが、液体が黒っぽくなっているようだと、それは交換していない証です。つまりは、定期的にメンテナンスに出していなかったクルマということです。

試乗はエンジンをかける瞬間から始まる

試乗は必ず行ってください。お店によっては試乗をさせてくれないことがあるかもしれません。しかし、その場合はお店の人に運転してもらって、助手席に乗ってでも試乗するようにしましょう。

まずはエンジンのかかり具合を確認します。スターターモーターが「ギュルギュルボーンッ」と勢いよく回っていれば問題はありません。整備されていてバッテリーも新しい場合は、気持ちよくエンジンがかかるものです。

エンジンというのはかけた当初は冷えているため、効率よく燃焼しないものです。冷えているときは、アイドリング時の回転数が少し高くなるように設定されているので、エンジン音もしっかり聞こえてくるはずです。

もし時間に余裕があるなら、このときの音をじっくり聞いてください。十分にエンジンがあたたまると音（回転数）が一段階低くなりますが、基本的にエンジン音が一定かどうかを確認してください。

問題のあるクルマならばこの時点で違和感を覚えるはずです。異音が聞こえるとか、エンジンルームがブルブルと揺れているとかであれば、エンジンに難ありです。

次に発進時に、ＰレンジからＤレンジに入れた瞬間のクルマの状態を確認してください。ガクンっと振動があったり、Ｄレンジに入る（ギアがつながる）のに時間がかかったりという場合は、ＡＴ（オートマ）が壊れている可能性があります。

ＡＴの調子が悪いクルマを買うと、後にかなり高額の修理費用がかかることが予想されます。大げさではなく、安いクルマならもう一台買えるほど修理代がかさむことすらあります。

最近ではＣＶＴ（無段変速機）とよばれるタイプのＡＴ車も多く出回っています。このタイプを採用しているクルマの場合は、もともと変速時のショックがありません。なのでショックを感じるようであれば、何かしらの不具合があることを表しています。

ＡＴ車ではシフトレバーの作動具合も大切なポイントです。ゆるゆると節度なくＰレンジからＤレンジへ、もしくはＤレンジからＰレンジへと動いてしまうものは、たとえ走行距離が短いクルマでも、酷使されていた可能性が高いといえます。

MT車の場合は、必ずクラッチの具合をチェックしてください。試乗できなくてもクラッチを踏んでみるくらいのことは必ず行ってください。

踏む途中で変なひっかかりがあるとか、なんだか重たい感じがするなとかといった場合は、クラッチに支障があります。

また、エンジンをかけたときにシフトノブが激しく震えているものも要注意です。シフトノブがテカテカと光っているもの、劣化具合が激しいものは、ハンドルのときと同様にあまり上手ではない人が運転していた可能性があるので、オススメしません。

限られた時間の中で行う試乗では、エンジンやトランスミッションなど高額な修理費用が必要な部分が壊れていないかどうかを、漏らさずチェックすることが肝心なのです。

迷ったときの決め手にどうぞ

中古車探しにたっぷり時間がとれるという方は、サイドブレーキ、カーペット、ダッシュボード、車検証を確認してください。

これらの項目にも、その中古車を知る手がかりが隠されています。時間がない方もこのうちのどれか一つでも参考にしてみてください。

まずはサイドブレーキです。引いた時にギギーっと不必要なまでに上がってしまうものは、整備していない証拠です。整備されているクルマのサイドブレーキはそれほど上まで上がりません。

次に車内に敷いてあるカーペットですが、めくってみてその下の汚れを確認してください。埃や泥の汚れならまだしも、食べかすなんかがあるクルマはいい状態とはいえません。

これと似た観点で、ドリンクホルダーの周辺も確認してみるといいでしょう。

最後に意外と盲点なのが、ダッシュボードの中です。通常、車検証や取り扱い説明書が入っている場所です。

これも長年の経験なのですが、ダッシュボードの中がきちんと整理されていて、清潔な感じのするクルマはいい中古車の確率が高いです。汚くてすさんだ感じがするものは、まず駄目な中古車です。

ダッシュボードに限らず、開けて見られる場所、センターコンソールの収納、灰皿、トランクなどは、とにかく開けてみて不快な感じがしないかどうかを確認することがとても重要です。

車検証については、そのクルマの前オーナーがどこで乗っていたかを確認してください。簡単にいえば、郊外のクルマが望ましいということです。

理由は単純で、どれだけ走行距離が短くても渋滞の多い都市部のような環境は、やはりクルマにとってはストレスです。距離が長くてもストップ&ゴーの少ない郊外の道のほうが、クルマにとってはいい環境なのです。

走行距離も年式も似たような2台があったとしたら、郊外で乗られていたものを選択してください。

これと関連して走行距離と年式の相関関係を見極めるのは、中古車選びにおいて非常に悩ましい問題です。

たとえば中古車屋に行ったとき、同じタイプのクルマで、走行距離は長いが年式は新しいものと、走行距離は短いが年式は古いもの、このふたつがあったらみなさんはどちらを選びますか?

実際の中古車選びでは、これ以外にもさまざまな要素が加わってきますので、一概にはいえません。

ですが、私であれば迷わず「走行距離は短いが年式は古いもの」を選びます。

走行距離が長いということは、どんなに新しくてもやはり使用頻度の高さを表しています。私のなかでの鉄則は、手あか（癖）のついてないものを選ぶということです。

中古車相場というのも、だいたい7万キロ前後でガタっと値が落ちているケースが多いようです。

ただし、これには例外もあります。法人で使用された高級車がそうです。しっかりとトレーニングされたプロのドライバーが運転していて、なおかつマメにメンテナンスされている法人名義のクルマは狙い目です。

お金をかけて丁寧に扱われてきたクルマだというはっきりとした確証が得られるものは、走行距離のことはあまり気にする必要はないでしょう。

「あとでやります」のお店は要注意

中古車店というのは、本当にいろいろなタイプがあります。ディーラー系の中古車屋さんというのは、掘り出しものは少ないのですが、やはり安心感は抜群です。

ディーラー系のお店の中古車は多少値が張ることも否めませんが、きちんと整備されています。また、部分補修の技術なども卓越しています。万が一壊れても、補償内容がしっかりしているという点でも安心できます。

整備ということでいえば、店頭に並べる前に整備をすませていることが大原則です。こちらがどこか不備を指摘したとたんに、「あとでちゃんとやりますから」というお店は、あまりオススメできません。

自分たちが自信を持って売る製品を整備していないというのは、お店の志に問題があるとしか思えません。

もちろん、ディーラー系以外でも整備や保証がしっかりしたお店はたくさんあります。あとはやはり信頼のできるお店のスタッフと出会えるかどうかです。

たとえば「今、申し込まないとすぐなくなっちゃいますよ」といった売り急ぐというか、あおるようなスタッフは遠慮したほうがいいです。

こちらの質問に的確に答えてくれる人を信用してください。ある程度はネガティブな要素も説明してくれるような、正直で知識の豊富なスタッフの方に出会うと、中古車選びがずいぶんと楽になります。

習慣4

消耗品に気を遣えば、クルマは長持ち！

「安い」を優先すると結局は損をする

クルマというのは
買うときも高いお金がかかりますが
買ったあとも、かなりのお金がかかります。
ガソリン代はもちろんのこと
オイルだなんだと時間が経てば経つほど
消耗品の交換を必要とするもの
つまり出費がかさんできます。
ここではそうしたランニングコストを
「いかに軽減させるか！」
といいたいところですが実は違います。
お金をかけるべきところにはしっかりかけるという話です。
「安物買いの銭失い」というのは
クルマにもあてはまることです。
安さばかりを求めると結局は損をするのです。

溝のないタイヤで損をする

クルマに乗っていて、必ず交換しなければいけなくなるものの代表格がタイヤでしょう。消耗品のなかでは価格的にかなり高額のなものの部類に入りますね。

そんなわけで、多くの人ができることなら安いタイヤですませたいと思っているようですが、この考えが間違っていることを指摘しておきましょう。

その理由を説明する上で、まずはすり減ったタイヤを履いたままでいると、どういうトラブルが起こりうるかを説明しましょう。タイヤというのはいくつものブロックで構成されています（よく見ると溝が彫ってあり、細かな凹凸がある）。

タイヤがすり減るというのは、このブロックが小さくなることを示しています。

ゴムというのは大きければ大きいほど衝撃を吸収する力が強くなります。変形する量も同じです。

ブロックの話に戻しますと、ブロックが小さくなるということは、吸収する力が弱まり、変形する量も減るということです。

つまりはクルマの乗り心地が悪くなる、タイヤのグリップ力が弱まるという意味です。タイヤがすり減ることでのデメリットはほかにもあります。溝の深さが減っているので、水の抜け道がなくなり（溝を通ってタイヤの外に吐き出す量が減る）、雨が降ったときにすべりやすくなります。

場合によってはハイドロプレーン現象（タイヤと地面の間に水の膜ができてタイヤがグリップ力を失い操縦不能になること）を起こしやすくします。

加えて、空気の抜け道もなくなるわけで、これはロードノイズの発生原因のひとつになります。

タイヤ選びには裏技がある

前述したようなトラブルが起きる前にタイヤは新品に交換する必要があります。

目でタイヤの状態を確認して、タイヤが減っていたらすぐに交換するのは当たり前ですが、クルマに乗っていて乗り心地が悪くなってきたなと感じた時点で、交換してみるのも一つの手です。

場合によっては「最近、ハンドルが重くなったな」という感じを受けることもあります。こういうケースもタイヤ交換を念頭に置いておくといいでしょう。

「習慣2」でも触れましたが、サスペンションの不具合による乗り心地の悪化が明らかな場合は別として、タイヤを替えることで「クルマが静かになった」「乗り心地がよくなった」という結果をもたらすことがあるのです。

その際、守ってほしいことが、冒頭でもお話ししたように「安物を選ぶな」ということです。最低でもメーカー指定のタイヤを履かせてください。

大胆なことをいえば、メーカー指定を無視してでも、いいタイヤを履かせればもっといいのです。いいタイヤとは、金額がワンランク上のタイヤという意味です。

たしかにメーカー指定のタイヤというのは、メーカーがそのクルマを開発する際にマッチング（相性）を熟慮して決定したものです。

高級車と呼ばれるものほどそのマッチングは適正です。ものによってはそのクルマのためにタイヤを開発することすらあります。

誤解を恐れずにいうと、高級車の部類に入らないクルマはそこまでマッチングを気にかけなくてもいいのです。それよりもワンランク上のタイヤを選ぶほうが、劇的によくなります（もちろんタイヤのサイズは守ってください）。

ワンランク上といっても、いまいちどれを選べばいいのかわからないかもしれませんが、たとえば高級車についている種類のタイヤで、自分のタイヤサイズを探してみてください。

タイヤは「高いものがいい」という原則

「高いものがいい」というのは、あまりに当たり前の話に聞こえるかもしれませんが、精密な技術を要する製品には、「安かろう悪かろう」という言葉があてはまるのです。

クルマの部品は工業製品です。工芸品なら話は別かもしれませんが、値段の高さは製品のコスト（開発費や材料費）と比例しているものです。

乗り心地の話に戻りますが、クルマのいろんなところをイジっても改善されないとか、音が消えないとかというときに、いいタイヤに替えただけで一発で解消したというのはよくある話です。

とくに10年以上乗っているようなクルマには効果テキメンです。いいタイヤはいわば特効薬ですね。

タイヤは路面からの衝撃を最初に吸収してくれる場所です。タイヤの性能が高ければ、ほかの部分にかかる負担も軽減されるのです。

とにかく「タイヤにはお金をかける」、それがクルマを長持ちさせるための重要なポイントです。

エコな時代だからこそローテーションの復活

実際にタイヤを交換をするとなったら、4輪すべてを交換してください。

タイヤはどうしても前輪が先に減るので（多くのクルマが前輪駆動のため）、最近では前だけ替える人も増えてきています。見ると明らかに前輪のタイヤが減っているので、仕方のないことかもしれません。

しかし、これを防ぐ手だてはあります。

みなさんも一度は聞いたことがあるはずです。いわゆるタイヤの「ローテーション」というやつです。これは前後のタイヤを入れ換える作業のことです。

以前は休日にお父さんと息子が、ローテーションをしている風景をよく見かけたものです。磨り減ってきた前輪とまだ十分に柔らかさの残っている後輪を交換し、タイヤを均一に効率よく使う工夫というのは、このエコな時代にこそふさわしいと思うのです。

ローテーションを行う際は、前のタイヤの溝が完全に減ってしまってからではなく、やや減ってきたなと思ったときに行ってください。

ローテーションを行う目安は、1万〜1万5千キロくらいでしょう。自分でやるのは面倒だという人は、スタンドでローテーションを頼むことも可能です。

ハイオク指定を無視する大罪

驚くべきことに、ハイオク指定のクルマに乗っているのに、ハイオクは高価だからといってレギュラーを入れる人が少なくないと聞きます。

みなさん一様に「レギュラーを入れてもちゃんとエンジンは回るから大丈夫」といいます。たしかにエンジンは回るでしょう。しかし、燃費は悪くなりますし、エンジン自体にもダメージを与えてしまっています。

なぜそうなるかというと、また詳細なエンジンの技術解説が必要になるので、できるだけ簡略化して説明するようにします。

エンジンは圧縮したガソリンに火だねを送り込むタイミングが決まっています。点火時期といいますが、ガソリン仕様のエンジンとハイオク仕様のエンジンでは、そのタイミングが違う設定になっているのです。それは、ハイオクよりもレギュラーのほうが燃えやすい性質を持っているからです。

こういった理由により、ハイオク仕様のエンジンにレギュラーを入れてしまうと、効率よく燃焼しなくなり、従来持っている力を発揮できないということになるのです。場合によってはエンジンの回転もぎこちなくなります。

しかも、今のクルマはエンジンをコンピューターでコントロールしているため、コンピューターがエンジンをレギュラーガソリンの性質に合わせようとして無理矢理に働かせます。要はエンジンにさまざまな負担がかかるのです。

レギュラーとハイオクの値段はずいぶん違います。それでもトータルでみるとどちらが得かは明らかでしょう。

ガソリンの都市伝説

「ガソリンはメーカーによって質が違う」なんていう都市伝説のようなセリフを耳にすることがあります。これは大昔はそういうこともあったようですが、今ではまずそういうことは考えにくいです。

それよりも意外と知られていないのが、夏と冬のガソリンは違うということです。みなさん知ってました？

夏は暑いため、ガソリンが揮発しやすい。だから揮発しにくいエッセンスを混ぜています。逆に冬は揮発しにくいので揮発しやすいエッセンス混ぜています。

そういうわけで、夏にガソリンを入れたまま乗らずに冬を迎えてしまうような事態は、なるべく避けるようにしてください。

ガソリンは満タンがベター

ガソリンのことでときどき質問されるのが、「満タンの状態と半分くらいしか入っていないのとではパワーが違う気がする」というものです。

先に答をいうと、これは正解です。ガソリンは、噴射してからあまったぶんを再びタンクに戻して再利用するシステムをとっています。燃料タンクに半分くらいしかガソリンが入っていなければ、戻ってきた高熱のガソリンがもともとあったガソリンや、タンクそのものの温度も上昇させます。

その熱いガソリンをエンジン内に噴射することになるわけですね。ガソリンには本来エンジンの内部を冷やす効果もありますが、これでは十分に冷却することができません。冷やされないということは、酸素の量が少なくなる結果を招き、燃料が効率よく燃えないという現象が起きます。

効率が悪いといってもあくまでも満タンとの比較の話なので、満タンに入っていないからといって、どこかに支障をきたすわけではありません。

最後に、クルマにしばらく乗らないことがわかっているときは、必ずガソリンを満タンにして保管するようにしてください。

タンク内に大きな空間があると、タンクの空いている部分に水分を呼び込んでしまう可能性があります。

水がガソリンに混じって性質が劣化したり、タンク内が錆びたりする原因になるので、覚えておいてください。

都市部のクルマのオイルは想像以上に汚れている

エンジンオイルは必ず汚れてきます。そのため定期的に交換する必要があります。その汚れ方というか汚れる時期というのは、クルマの走行している環境に大きく左右されます。渋滞の多い都市部を走っているのか、郊外の空いている道を走っているのかで随分違ってきます。

同じ距離でも都市部で走っているクルマのエンジンオイルはかなり汚れます。

都市部ではストップ&ゴーが多くなり、そうなると必然的に濃い燃料がエンジン内に噴射されます。濃い燃料はどうしても燃えかすが増えてしまいます。

ガソリンには洗浄効果があり、エンジンの中の汚れをガソリンが洗い、汚い部分はオイルが吸収します。

オイルは汚れると潤滑性が悪くなります。触ってみるとよくわかりますが、汚れて黒くなったオイルはガサガサしています。

オイルを汚いままにしておくと、エンジンの動きがスムーズでなくなり、エンジンの各パーツが劣化していきます。エンジンの寿命を縮めているのです。

オイルは、都市部ではだいたい5千キロを目安に交換したほうがよいでしょう。郊外ではもう数千キロだいじょうぶだと思われます。オイルの値段はピンキリですが、メーカー純正のグレードのオイルを入れるのが最適でしょう。

オイルを頻繁に交換するのは環境破壊だという人がいますが、オイルは二度、三度とリサイクルできるようになっています。

さらには、オイルをきれいにすれば排ガスもきれいになります。逆に、オイルが汚ければ、排ガスも汚いし、排ガスを浄化する装置の劣化も早めてしまいます。

バッテリーは今やクルマの命です

最近のクルマは電器製品化しているといっても過言ではないほど、電気に頼って走っています。そのため電力を供給するバッテリーの存在がとても重要になってきました。

クルマを動かす装置のほとんどが、電子制御になっていて、いたるところにセンサーがついています。このセンサーを動かしているのはもちろん電気ですが、電子機器は安定した電力の供給がなければ正常に動かないのです。

バッテリーが劣化してくると、供給量が間に合わなくなり、電力が安定しなくなります。そうすると発電機から直接供給を行うことになり、動作が狂うこともあります。

常に安定した供給を求めるのならば、2年に1度はバッテリー交換することをオススメします。バッテリーもちゃんとリサイクルできるようになってきていますので安心してください。

バッテリーはショップなどにいくと、値段も含めてさまざまなタイプのものがあります。できればメーカー純正を選んだほうがよいでしょう。タイヤと同じで安いものはそれなりだと思っていてください。

キャップ（ふた）のことを忘れがち

ラジエター液、ATフルード、ブレーキフルードなどは、定期点検に出したときにみてもらって（交換して）いれば、問題ないでしょう。大まかな目安としては2～3年に一度は交換するものだと覚えておいてください。

ラジエター液だけでなく、ラジエターキャップも定期的に替えるようにしてください。キャップの劣化が原因でラジエター液が漏れていたり、蒸発していたりということが意外に多いのです。

まれにウィンドウウォッシャーに自家製の洗浄液を入れる人がいますが（洗剤の類であればなんでもいいだろうと）、きちんとしたウィンドウウォッシャー液でないと、ワイパーのゴムを駄目にすることがあり、冬には凍るおそれもあるので絶対にやめましょう。

安価なゴム製品はすぐに替える

ゴム類のパーツというのもやはり消耗品です。なかでも消耗が激しいのがワイパーでしょうか。何度もお話ししているように、年数が経つとゴムはどうしても硬くなってしまいます。雨の日にワイパーの拭き取りが悪くなったと思ったら、交換してもらうようにしてください。

ところで、最近はあまり見かけなくなったものの、ワイパーを上に起こしているクルマを見かけたことはありませんか？　雪が降っている（降ることが予想される）とき、雪の重みでワイパーが変形するのを防ぐために、そういうことをしているのです。

ただし、しばらくクルマに乗らないという理由でワイパーを上に起こしている人もいますが、これはあまりオススメしません。

なぜなら本来は窓ガラスに密着するようにバネなどを使ってテンションがかかっているのに、起こすことでそのテンションがゆるんでしまう可能性があるからです。そうなるとワイパーのガラスの拭き取りがあまくなってしまいます。

ゴムの話でいうと、ウェザーストリップという箇所も車内環境にとって大事なものです。ドアのガラスを取り囲むようにしてついているゴムのことです。

これは雨はもちろん、外気の侵入を防ぐ役日を果たしています。この部分の交換となるとかなりの費用がかかってしまいます(ワイパーのゴムのように手軽にはすみません)。

そういうわけで対策としては、ホームセンターなどで入手できるゴム用の潤滑油を塗ることです。これである程度は解消されます。はっきりいってこれはごまかしです。もちろんきちんと修理や交換をするにこしたことはありませんが、ときとしてこうした手軽な処置ですませるというのもありです。放っておくのと、少しでも手をかけるのとでは大きな違いがあります。ちなみにワイパーに潤滑油を塗るのは絶対に駄目ですよ。

習慣

5

長年の疑問を解決すれば、クルマは長持ち！

なんとなくでやり過ごしてきた態度がアダとなる

クルマに関する悩みや疑問はつきません。
年を追うごとに新しい機構やアルファベットの並んだ
小難しい用語が出現するし
マニュアルは分厚くて到底読む気にはなれない。
しかし、その悩みや疑問の内容の半数が
おそらくここ数十年変わってないように感じます。
今も昔も考えることは一緒なのです。
仕事柄（質問コーナーを持っていますし）、
さまざまな質問を受けますが、
実際、その質問の多くは内容が重複しています。
この「習慣5」ではそうしたみなさんからの
「質問ベスト10」にランクインしそうなものを紹介します。
そしてその回答には「クルマを長持ちさせる」ために
必要なことが含まれています。

エンジンは高回転まで回したほうがいい！

ちょっとクルマに詳しい人が、よくいう台詞の一つです。

確かにそういうことはありますが、それによっての代償もあることを念頭に置いてください。

内燃機関とも呼ばれるエンジンは、内部で燃焼を繰り返しています。そのためエンジン内（バルブやピストン）には、カーボンデポジットと呼ばれるススが付着します。そのゴミのせいで、良好な燃焼状態が得られないという事態がおきます。

どういう場合にゴミが出やすいのかといえば、たとえばエンジン回転が低いときにそうなります。

回転が低いということは、空気を吸入する勢いが弱くなるということでして、エンジン内で燃料と空気が混ざりにくくなります。そうなると空気と結びつかない燃料は蒸し焼き状態となってススが発生します。

一方、エンジン回転が高いと空気を吸入する勢いが強くなり、燃料と空気がよく混ざるので燃焼状態が良好になります。

わかりやすい例をあげましょう。大道芸で「火吹きオトコ」というのを見たことがありますか？　あれは、勢いよく口からガソリンを吹き出すので、空気とよく混ざり、ボーッと炎が出て拍手喝采を受けるわけです。仮に吐き出す息が足りないと、口からボタボタとガソリンが垂れて火に勢いはなくなり、大道芸も笑われてしまいます。

「燃えかすが残る」という観点だけでいえば、エンジンはある程度は高回転で回したほうがいいといえますね。

いや、エンジンは高回転まで回すとよくない！

エンジン内部のいろいろな部品が稼働していて、それぞれがわずかな隙間でこすれ合うようにして動いています。

専門的には部品と部品が擦れ合う場所を摺動面（しゅうどうめん）と呼んでいますが、回転が低いときと高いときでは、それぞれの部品（クランクシャフト、コネクティングロッド、ピストン、シリンダー）の摺動面の間隔が微妙に異なってきます。

低回転ばかりを使うと、低い回転域のときにこすれ合う部分にはスムーズな「あたり」（なじみ）がつきますが、高回転域での摺動面には「あたり」がつきません。

そして、「あたり」がついていないことから動きに抵抗が出てきます。それが、いわゆる「回らないエンジン」です。

だからといって回してばかりいると各部の消耗が大きくなるので、エンジンの寿命が短くなります。クルマを長持ちさせるという観点でいけば、いいことではありませんね。

とはいえ、エンジン単体の耐久性を考えると、普通車であれば20万キロくらいはもつように設計されています。

みなさんにはあまり関係ないかもしれませんが、トラック（ディーゼルエンジン）の耐久性は100万キロともいわれています。毎日、通勤にクルマを使う人でも、20万キロとなると相当な年数がかかるでしょう。

エンジンを回せばそれなりに寿命は短くなる。燃費も悪化する。

逆に回転が低い走行ばかりをしていたのでは、エンジン内部で不完全燃焼を繰り返してしまう。基本的には普段はなるべく低回転で走り、ときどき高回転までエンジンを回してやるといった塩梅がいいのではないでしょうか。

慣らし運転は必要なのか

ピカピカの新車を買ったら何をしなければいけないかというと、最初は丁寧に運転することを心がけてください。いわゆる「慣らし運転」というものです。

「いまどきのクルマにも慣らし運転なんて必要なんですか」という質問をされることもありますが、新車にとっては必要不可欠です。

特にこの本を読んでくださっているみなさんにはぜひ実践してほしいと思っています。精密に作られたものでも、機械製品はある程度使い込むまでスムーズに動かないものだからです。

先ほどの「エンジンの摺動面」という話を思い出していただければ、なんとなくイメージしてもらえるのではないでしょうか。

「慣らし運転」をきちんとやったクルマとそうでないクルマとでは、その後のクルマのもちが大きく違ってきます。

人間だって同じでしょう。何の準備運動もしないで、もしくは基礎体力づくりをしないで、いきなり全速力でひたすら走らされたら、体のあちこちが故障し始めるのは時間の問題です。

慣らし運転はストレスレスを心がける

「慣らし運転」には特別こうしなければいけないという定義はありませんが、できるだけ手軽に実践できる方法をお話ししましょう。

われわれ人間と同じようにストレスはクルマにとってもよくありません。空いた道を一定の速度で走るのが一番ストレスがかかりません。速度が安定していればエンジン回転は一定になります。そうなれば燃焼条件も安定するため、水温もむやみに上がりません。またトランスミッションやサスペンション、タイヤといった部分も適度な仕事をするだけなので、無理がかかりにくくなります。同様の理由で、ボディほかクルマのいたるところがストレスを受けずにすみます。

とはいえ都内に住んでいると、否応なしにストップ&ゴーの多い状態でクルマを使わざるを得ませんよね。

少し費用はかかってしまいますが、そういう環境の場合、高速道路を走るというのが手っ取り早い方法です。ただし、高速道路でもアップ・ダウンの激しい場所では、ついアクセルペダルを深く踏んだり、離したりということをしがちなので気をつけてください。

アクセルペダルは「一定の力で踏むことを続ける」と覚えておいてください。

慣らし運転の実践方法

次に「慣らし運転」をどれだけ続ければいいのかという目安の話をしましょう。場所は高速道路という設定です。まずは、走行距離500キロまでのやり方。オートマチック車の場合はDレンジで、マニュアル車ではトップギアで時速80キロ前後までゆっくりと加速していってください。

走行距離が1000キロ近くになったら、時速100キロを目安に無理な加速をせずに走ってください。1000キロを走行した後、エンジンオイルの交換をすることをオススメします。

メーカーによってはそんな短い距離でのオイル交換は推奨していないことがあります

が、経験にもとづく私個人の考えでは、替えたほうがクルマにとってはいいです。オイルは新しいにこしたことはありませんから。

それ以降、2000キロくらいまではエンジンが唸るような無理な加速はやめ、交通の流れに沿った走行を心がけるとよいでしょう。

「慣らし運転」のコツは、なんといっても安定した走行をすることです。

暖機運転は意味がある?

結論を先にいうと、水温計が動くまで待つような暖機は必要ありません。ただしエンジン始動後、すぐに回転を上げる(アクセルペダルを一気に深く踏み込む)ような運転は控えるべきです。

エンジンは9割以上が金属から成り立っています。熱くなれば膨張し、冷えれば収縮します。エンジンが冷えているときとあたたまっているときで、エンジン主要部分の寸法が違ってきます。

このような差が生まれることを念頭に置いてください。エンジンをスムーズに動かすためには、金属同士に適度なクリアランス（隙間）を設けることが必要になります。自動車メーカーはこのクリアランスを、エンジンがあたたまったときにスムーズに動くよう設計しています。

エンジン始動直後には、潤滑油の動きが悪いため隅々までオイルが行きわたらず、この状態で急発進や空ぶかしをすれば、エンジン内部を傷めつけることになります。

最近のエンジンは冷えていても、電子制御インジェクションなどの細かな制御で回転が安定していますが、内部の物理的な構造は変わっていません。

冷えているときは、排ガス中の有害物質の濃度も濃くなっています。触媒（排ガスの有害物質を取り除く装置）は、ある程度温度が上がらないと性能を十分に発揮しないケースがあるからです。暖機運転が必要な理由がおわかりいただけましたでしょうか。

暖機運転よりも効果あり？

暖機運転は必要以上にするものではありません。長いアイドリングは、エンジン内部の燃焼状態をむしろ悪くします。結果、燃料の燃え残りが多く排出されることになり、大気を汚してしまうことになりかねません。反エコロジーですね。

暖機運転の目安として、私の場合は1分程度にしています。場合によっては数十秒でもいいかもしれません。それよりはゆっくり走り出したほうが効率がいいと思います。

アイドリング時よりも走行したほうがエンジン内部に送られる燃料の量が多くなるので、燃焼温度が高くなり、エンジンは早くあたたまるからです。急激な加速さえしなければ、エンジンへの負担も少ないです。

近年、自動車メーカーもできるだけ早くエンジンがあたたまるように研究をしています。近い将来では、エンジン自体の材質が改良され、冷えていてもあたたまっても寸法の変わらないよう開発されるかもしれません。

クルマはエンジンさえあたたまればいいというものではありません。そのあたりのことはこの章の最後で少し触れます。

エンジンブレーキはエンジンに悪い？

エンジンブレーキとは、エンジンの回転数を落とすことで、それを抵抗にして減速力を得ることです。そのため、簡単にいうとエンジンとトランスミッション等の動力伝達系に負担がかかるのは事実です。

下り坂の場合、アクセルペダルを閉じた状態にしていると、エンジンに空気が入らないためにエンジンがスムーズに動かなくなります。それが抵抗になってブレーキがかかるのです。

飲み物にたとえてみましょう。われわれができたての固めのシェークを飲むのと、溶けかかったシェークを飲むのとでは、吸い込む勢いに違いがありますね。溶けかかったほうはアクセルを開けた状態で、つまりスムーズに動きますが、まだ固めのシェークは一生懸命に吸い込んでもストローにはスムーズに流れません。吸うに吸えない状態、すなわちスムーズに回りたいのに回らないエンジンというのはこんな感じなのです。

エンジンブレーキはトランスミッションに悪い？

エンジンブレーキは多用するとエンジンだけではなく、トランスミッションにも負担がかかってきます。

変速機の数字が小さい（1速や2速）ほどエンジンブレーキのききがよいわけですが、そのぶん変速機は大きな力を同時に作りだしているので、抵抗が増していると思ってください。

要するに、変速機に大きなストレスがかかっているわけです。

山道などの長い下り坂では、低いギアを使ってのエンジンブレーキの必要性はあります。しかし、普通の平坦な道ではエンジンブレーキをかける必要性は、そうそうあるものではありません。

最近のブレーキは、昔と違ってブレーキから煙が出るほど踏みまくるようなことをしなければ、簡単にききが甘くなることはありません。

必要以上にエンジンブレーキを多用するのは、クルマを消耗させるだけでいいことはないのです。

通常の走行であればアクセルを戻して、ブレーキに頼るほうがいいでしょう。そうすれば大きなモノを傷めずに（高額な修理費用もかからず）、消耗品の交換くらいでクルマを長持ちさせられるのです。

停車時のギアはNレンジ？

この質問は質問コーナーを受け持っていて、トップ3に入るくらいよく聞かれることです。みなさん本当にお悩みなのだと痛感しています。

実際のところ、どっちにするかは人によってさまざまですね。

頑なに「Nレンジに入れる」という人もいますし、「面倒だからDレンジのまま」という人もいます。

まずはNレンジとDレンジのそれぞれの問題点を挙げてみましょう。

Nレンジで問題になってくるのは、信号でクルマを停めるごとに、シフトレバーをDレンジからNレンジへ、そして発進時にはNレンジからDレンジへと動かすことでおきる、度重なるシフトショックでしょう。

常にそれを行うということは、何年も同じクルマに乗っていれば、バカにできないダメージをクルマに与えるわけです。

杞憂かもしれませんが、信号が変わった瞬間、慌てるかなにかしてシフトレバーを間違って操作する可能性だってあります。

停車時のギアはDレンジ？

Dレンジのままの場合はトランスミッションに、細かくいえばATフルードに負担がかかります。

動こうとしているクルマをフットブレーキで無理やり止めているため、トランスミッション内に熱が発生します。

その熱がATフルードの劣化を早める可能性が考えらます。

というわけで、両者のネガティブな要素を考え合わせると、短い時間の信号待ちや断続的に動かざるをえない渋滞などでは、Dレンジのままでフットブレーキを使う。

信号待ちが長いことがわかっている場合や踏切での電車の通過待ちなどでは、Nレンジに入れるといったように使いわけるのがいいと思います。

ちなみに、安全性をより考慮するなら、Nレンジにいれるときは合わせてサイドブレーキを引くことをオススメします。

走り始めたばかりのときのギアチェンジは禁物？

紙幅の関係上、あともう二つだけ、簡単な回答と理由を述べて「習慣5」を終わりにします。「もっと知りたい！」という方は拙著『カー機能障害は治る』をご覧下さい。

「走り始めたばかりのときは、ギアチェンジは禁物（AT車）？」という質問ですが、これははっきり「禁物」です。走り始めたばかりでクルマがあたたまっていないということは、トランスミッションを潤滑しかつ制御するATフルードも冷たいままなので、必要以上にトランスミッションに負担をかけることになるからです。

「エアコンなどの電気機器類をつけたままエンジンを切るのはよくない？」という質問に対しては、「問題ない」が答えですが、私自身は「やらない」となります。

電気系統の細かい話になるので詳しい解説は省きますが、昔のクルマならやめたほうがいい行為です。しかし今のクルマでは支障をきたすような仕組みにはなっていません。

ではなぜ私がやらないのかというと、いつもいっていることですが「テレビを消すときにコンセントを抜いて電源を落とすような感じ」があるからです。

習慣

6

新技術を理解していれば、クルマは長持ち！

クルマを購入する際の判断材料の一つに

クルマの性能は日進月歩です。
フルモデルチェンジのサイクルはすぐにやってきますし
次から次へと新しいクルマが
そして新技術が登場してきます。
ここでは近年の画期的な新技術、
なかでもスタンダードになりそうなものを
選んで解説しました。
特にこれからクルマを購入する予定がある人は
新しい技術の仕組みをある程度は理解したうえで
それが自分にとってどれくらい有用なものなのかを
しっかりと見極めてください。
新技術がみなさんのクルマ生活に密着したものであれば
きっとそのクルマとの付き合いも長くなるでしょう。

改めて「ハイブリッド車」の仕組みについて

今、地球温暖化の元凶といわれる二酸化炭素（CO_2）の削減が叫ばれています。それと同時に原油高による景気の先行き不安が世界を取り巻いています。

そんななか、クルマに乗る人の多くが、環境と燃費に関心をよせています。

電子デバイスを用いて作られたハイブリッド車が、世界的に売れているのをみてもわかりますね。

その代表的な車種はご存知の通り、トヨタが量産化に成功したハイブリッド車プリウスです。当初は赤字覚悟で販売されていましたし、世界中のメーカーが「所詮、次世代までの繋ぎの技術にすぎない」として、ハイブリッドを軽視していました。

ところが今ではどうでしょう。欧米の各メーカーもハイブリッド車の開発に懸命となっています。トヨタには先見の明があったのですね。

さて、ここでは改めてハイブリッド車とはどのようなシステムのクルマなのかをおさらいしてみましょう。

ハイブリッド車は、内燃機関のエンジンと、電気的なモーターという二つの動力がうまくお互いの短所を補っています。

内燃機関の弱点としては、発進のときに燃費が著しく悪化する点が挙げられます。発進するときには大きな力（トルク）が必要なために、燃料を効率的な量よりも多目に与えています。

一度走り始めてしまえば（一定の速度で走っていれば）、ガソリンエンジンは極めて効率のよい機械です。

しかし、追い越しなどの加速時には力が必要ですから、このときにまた燃費を悪化させてしまうのです。

トヨタのハイブリッドはよくできている

そこで電気モーターの出番となるわけです。電気モーターの最大の特徴は、スイッチをオンにしたと同時に持っている力の90パーセント以上を発生することです。

そして、ガソリンエンジンが効率よく動いているときには、発電してバッテリーに蓄積しています。

トヨタのハイブリッド方式では、ブレーキをかけて減速するときやアクセルを戻したエンジンブレーキ時のエネルギーなども、電気エネルギーに変換してバッテリーに蓄積しています。

プリウスのハイブリッド方式は、バッテリーに充電する発電機とモーターを個々に単独で搭載しているので、充電しながら動力としても使えます。

ハイブリッドシステムには、エンジンを発電機としてのみ動かすシリーズ方式と、エンジンの動力で車輪を回し、発電機とモーターを切り替えながら動力としてコントロールするパラレル方式があります。

トヨタのハイブリッドは、この二つのシステムを統合したものを採用しているためにスプリット方式と呼ばれています。

ホンダのハイブリッドも素晴らしい

ホンダのＩＭＡ（Integrated Motor Assist）システムは、前述のパラレル方式を採用しています。発進時や加速時の燃費の悪い領域で大きな力を必要とするときに、モーターでアシストしながら走行して燃費をよくするシステムです。

このモデルの特徴はエンジン単体でも燃費が良好であり、さらにモーターと最良のマッチングでコントロールしていることです。

エンジンをスムーズに回転させるフライホイールにモーターを取り付けてあるので、静粛性という点でも優れています。軽量コンパクトでキビキビとした走りをウリにするホンダらしい美点ですね。

モーターを使ったハイブリッド車は日本のような信号が多い街中ではとても有効ですが、高速道路をはじめ長い距離を走る場合には、有効性が減退します。

そうした環境では、これから説明するディーゼル車が、ときとしてとても効率のいいクルマなのです。

ディーゼルをもっと見直そう

まずお伝えしておきたいのは、現在販売しているディーゼル乗用車はとても静かだということです。ディーゼルというとすぐにトラックのエンジンのうるささを思い浮かべるかもしれませんが、今のはとても静粛性が高い仕様になっています。

そして、どんなにガソリンエンジンが頑張っても、効率のよさではディーゼルエンジンにかないません。

ガソリンエンジンよりも空気を圧縮して燃やすことができるので、熱効率が高いのです。空気と燃料の比率もガソリンエンジンと比べて、3分の1程度の燃料で安定して力を出すことが可能です。さらにいえば、ターボチャージャーを付けることによって出力と燃費が向上し、一層効率が高まります。

ディーゼルエンジンは内部の可動部分が重いために、ガソリンエンジンよりも回転が上がりにくいのですが、それがかえって燃費をよくする結果をもたらしています。

ですから長い距離を走ってもエンジンが傷みにくく、ガソリン車の2倍以上の耐久性があるといわれています。要するに長持ちするエンジンということですね。

ただし、ディーゼル車はクリーンな排ガスにするために、精密な部品と高級な装置を取り付けなくてはならず、車両価格は高くなりがちです。

といっても日本では税制上、燃料費が安価なのはとても魅力的なことだと思います。燃費のよさとパフォーマンスを兼ね備えたディーゼルエンジンは、世界的にも需要が高まっています。

ディーゼルエンジンの本場ドイツでは、大型高級車の7割以上はディーゼルエンジンを搭載しているといわれるほどの需要があります。

理由は簡単で「速くて乗りやすくて燃費がいい」ということです。たしかに高価ではありますが、考え方によっては最新のディーゼル車はお買い得といえるでしょう。

「総合」して制御するところがすごい

自分が思い描いている通りにクルマを操って走ることができれば、これほど嬉しいことはありません。

トヨタのマジェスタやレクサスに搭載されているVDIM（Vehicle Dynamics Integrated Management）は、簡単にいえばクルマを思い通りに、そして安全に走らせる総合制御装置です。

高速道路を走っていたとしましょう。路面は雨上がりで濡れています。緩やかなコーナーにいつもより少し速い速度で進入しました。

このときVDIMは、クルマが滑り出しそうだと判断したら、アクセルを少し戻した状態にして、前後左右のブレーキを巧みにコントロールしながらコーナーの走行をサポートします。このときにブレーキのコントロールだけではなく、ステアリングの切れ角も最適にしてくれます。必要以上に切っていたとしても修正してくれるのです。

独立した何か一つの制御ではなく、エンジンの制御からブレーキ、ステアリングなどを総合制御しているのがすごいところで、ドライバーの意思に添った自然な制御を行ってくれるのです。

ところで、これは新技術全般にいえることですが、技術を過信して無茶な運転をすることはぜったいに控えてください。いざというときの保険だと考えましょう。

自動操縦ももう間近？

ホンダが開発したH・iDS（Honda Intelligent Driversupport System）は高速道路におけるドライバーの負担を軽減させるための装置です。

高速道路の車線をキープするため、フロントウィンドウ上部に設けたカメラの画像をもとに、車線を認識します。そして、電動パワーステアリングを適切な力で調節して車線維持をアシストします。

時速は65キロ以上、直線から半径230メーターのカーブまでをカバーします。高速道路の大方の環境で使用が可能な優れものですね。

さらには、自動的に車間距離を維持する装置も取り付けてあります。これはフロントグリル内に設けたミリ波レーダーからの情報をもとに、前走車との距離を測定します。そして、さまざまなセンサーによって自分のクルマの走行状態を把握して、設定した速度を一定に保つクルーズコントロールシステムです。

この二つのシステムを使って、万が一ドライバーが車線から逸脱あるいは前車に追突するようなことがあるときは、警告を促すシステムを持ちあわせています。

究極の4WDシステム

ハンドルを切ってコーナーを駆け抜けるとき、本当はスムーズに曲がりたかったのにうまくいかず、ハンドルを切ったり戻したりして、最悪のときはタイヤを「キーッ」と鳴かせたなんて経験があるのではないでしょうか。

こうなってしまうのはタイヤにすべてをゆだねた運転をしているからです。しかし、ホンダのＳＨ‐ＡＷＤ（Super Handling All-Wheel-Drive）と呼ばれる究極の４ＷＤシステムを搭載していれば、そういった可能性は軽減できます。

前輪と後輪の動力配分の30～70％まで、後輪の左右の路面を蹴る力（駆動力）を０～１００％まで自在にコントロールしてくれるのです。

その仕組みをもう少しわかりやすく解説しましょう。外側に大きな駆動力をかければ、かけた側の反対側にクルマというのは曲がっていきます。そういう原理をもとにドライバーのハンドル操作から走っている状況を瞬時に把握して、最適な駆動力を制御してくれるシステムなのです。

コーナリング中の高等技術を自動で

コーナーを曲がっていて、ヒヤッとした経験は誰にでもあると思います。ひどい場合はクルッとスピンしてしまったことがある人もいるかもしれませんね。

運転技術がある人なら、即座に車体の滑った方向にハンドルを切って（カウンターステアというテクニックを使って）対処しますが、普通の人には到底無理な話です。ところがＢＭＷの「アクティブステアリング」という装置は、このテクニックをやってくれる技術なのです。

このシステムは後輪が滑り出すと同時にカウンターステアを機械的に行って、何事もなかったようにコーナーを駆け抜けます。たいていのドライバーが、後輪が滑ったと気づいたときには、けっこう滑ってしまった後なのですが、それではもう遅すぎます。

「アクティブステアリング」は、どれくらい滑るかを即座に計算して、それに見合ったハンドル操作をクルマ自身が行ってくれるのです。ですからまわりで見ている人にはとんでもなく上級なドライビングをしているように見えるのです。

骨格のハイブリッド

クルマの骨格は軽くて丈夫であることが理想です。軽ければ燃費もよくなり、乗り心地やハンドリングといった走る性能の向上にもつながります。

クルマ作りの素材というと鉄かアルミをまず思い浮かべることでしょう。

鉄は安価で強度もあります。アルミは鉄ほど安くはありませんが、とても軽いという利点があります。ＢＭＷはこの二つの素材をうまく併せて使うことによって、最良の骨格を作ったのです。

鉄とアルミを直接接合すると腐食が起こりやすいという性質があります。

そこで特殊な樹脂を間にはさみ、接着剤とリベットで接合するという航空機技術を投入しています。

エンジンなどを搭載して重量がかさむフロントセクションには、軽量で強力なアルミニウム合金を使用し、乗員が乗るキャビンには強靭な鉄鋼を使っています。

こうした技術で、重量を軽減するとともに、前後50：50という理想的な重量バランスを実現し、ＢＭＷ伝統の軽快なハンドリングをつくり出しているのです。いってみれば、骨格のハイブリッドといったところでしょうか。

段取りのいいクルマは仕事が早い

日本で走っているクルマの多くが、オートマチックトランスミッション（AT）を搭載したモデルです。

オートマはイージーなドライビングが可能ですが、クルマをキビキビと走らせるといったことや、燃費という点ではマニュアル（MT）車よりも劣ることがあります。

ところが、フォルクスワーゲンのDSGという機構は、スポーティな走りができ、燃費のよさにも貢献する優れた装置です。

DSGとは、いわばマニュアル車で人間が行う操作を、電気と機械で自動的にやってくれる装置です。

素早いシフトアップがウリの装置なのですが、そのわけは常にスタンバイしているギアにあります。普通のオートマ車はクラッチが・枚です。

しかし、このDSGはクラッチが2枚あって、たとえば1速で走っているときには、すでに次のギア（2速）ともうひとつのクラッチが、セットになってスタンバイしているのです。

これによりシフト時のエンジン回転の下がりを最小限にとどめるため、スムーズでかつ燃費の向上にも繋がるのです。

日本車もうかうかしていられない

日本車に負けず劣らずドイツ車も、燃費に関してはさまざまな取り組みを行っています。たとえば、フォルクスワーゲンが作った次世代エンジンＴＳＩは、低燃費でしかもパワフルです。そのなかでも１・４リッターのモデルは、燃費はほかの小排気量車と変わらずに、出力は２・４リッター並みのパフォーマンスを演出します。

発進時など低回転域はスーパーチャージャーでまかない、中・高回転域になると効率のよいターボチャージャーが働きはじめるという仕組みです。

この低燃費でありながらパワフルなＴＳＩエンジン搭載の車種は、日本のような環境にはとても適しているといえるでしょう。

究極の４ＷＤパート２

日本のお家芸ともいえる電子デバイスを駆使して、ハイパフォーマンスを安心して引き出せる4WDモデルを、三菱はランサーエボリューションというクルマで作り上げてきました。

現在のモデルに搭載されているS-AWC（Super All Wheel Control）は、4つの装置から成り立ったシステムです。

一つは4輪に最適な駆動力を与える装置です。ブレーキのかけ方やエンジンパワーを考慮して、駆動力を無駄のないようにコントロールします。

二つ目は急カーブなどを走っているときに、リアの駆動力をドライバーの意図を配慮した力で路面に伝えます。

三つ目は急激なクルマの動きによって滑るなどの危険な動きが発生したときに、4輪のブレーキとエンジンの力を制御して回避します。

そして四つ目は、アンチロックブレーキシステム（ABS）をよりスポーツ性の高い走りを意識して進化させた装置です。たとえばカーブの途中で急ブレーキをかけても、タイヤをロックさせずに停止するだけではなく、自分が向かおうとしていた方向でクルマを停止させてくれます。

習慣 7

点検の習慣を身につければ、クルマは長持ち！

ほんの少しの気遣いでいつまでも快適に

点検というと6か月点検
1年点検などの定期点検を
思い浮かべる人が多いと思います。
多くの人がディーラーなどにクルマを持っていって
整備してもらうというのがスタンダードでしょう。
しかし、ここでいう点検は
自分でする点検のことです。
この時点でもう「面倒くさい」という声が
聞こえてきそうですが
ここで紹介する点検はいたってお手軽なものです。
ですが、とても重要な行為で
なおかつクルマを長持ちさせるための
一番の秘訣だったりもするのです。
ぜひ「点検」を習慣づけるよう心がけてください。

ほんの30秒の点検でクルマは長持ち

クルマを長持ちさせるのに特別な技術を必要とする点検はありません。

常日頃から、自分のクルマをよく観察すること、そして愛着をもって接することが点検のはじまりです。

いつもいろんな所で、普段からの簡単な点検を奨励しているのですが、まだまだ浸透していないようです。

まず、乗るときにクルマのまわりをぐるっと一周して、クルマを見てください。これは拙著『カー機能障害は治る』にも書いていることですが、ほんの30秒程度費やすだけで構いません。

週に一度くらいが理想的です。とはいっても、週一はあまりにも現実的ではないでしょうから、1か月に一度でも、3か月に一度(面倒だと思う人は半年に一度)でも構いません。

まず、なによりも気にかけたいのがタイヤです。タイヤというパーツは乗っているうちに、どうしても空気が抜けてきます。4輪のタイヤがすべて均一に膨らんでいるかをチェックしてください。

前側のタイヤが少しへこんだように見えますが、これは異常ではありません。ほとんどのクルマはエンジンをはじめとした機関部が前にあるため（違うタイプのクルマもあります）、どうしても前側のタイヤに荷重がかかってしまうのです。

空気圧の低い状態で走行することは安全面はもちろんのこと、燃費においても悪影響を及ぼします。

見た感じで空気が少し減っているようであれば、ガソリンスタンドなどで空気圧をみてもらい、補充してもらってください。

できれば、減ってから入れるという対処法ではなくて、1か月に1回は定期的に空気圧をチェックするくらいの習慣があってもいいと思います。

空気圧をチェックしてもらう際に気をつけてほしいのは、できるだけ近場で行うということです。

ある程度の距離を走ったあとでは、タイヤがあたたまってしまいます。

タイヤは温まると、空気圧が上がってしまうため、きちんとした数値を測定できないことがあるからです。

空気圧はメーカーの指定値に従う

時間があるときは、もう少し詳しくタイヤを点検してみてください。ご存知の通りタイヤはゴムですから、走っていればだんだんと摩耗してきます。その摩耗具合をチェックしてほしいのです。

どこかが偏って摩耗している場合は、クルマが何かしら不具合をかかえているか、もしくは運転に問題ありというサインです。

最近ではめったにそういうことは起きなくなりましたが、万が一釘などが刺さっていたら、慌てて抜いたりしないでください。簡単には抜けませんし、抜くことで空気が完全にもれてしまいます。スペアタイヤに交換して、釘の刺さったタイヤをショップなどに持ち込んで修理してもらってください。

ちなみに、タイヤの空気圧の数値に関してですが、ご自分でメーカーの指定の適正値を覚えておいてください。マニュアルに書いてありますし、運転席側のドアの下の部分に書いてあるクルマもあります。そして、空気圧はその指定値より高くても低くてもいけません。

クルマ好きで、クルマのメンテナンスはほとんど自分でやるくらいの人なら、少し高くしたり低くしたり（低いのはデメリットのほうが多いですが）してもかまいません。

燃費やタイヤのグリップ性能を確認しながら、適正値を探していくことも可能ですが、普通に乗っているならやはりメーカーの指定値に従っているのが無難です。

ボンネットを開けるといいことがある

理想をいえば、ボンネットを開けてエンジンルームをチェックする習慣も身につけてほしいです。とはいっても普段のクルマ生活で、ボンネットを開けるというのは面倒な行為ですよね。

しかし、問題が起きてからエンジンルームをチェックするのでは遅いのです。たとえば、乗っていてエンジンに違和感を覚えたり、変なニオイや振動が気になったりしたときは、ボンネットを開けてエンジンルームを見ることがあると思います。

そのとき、エンジンルームの正しい状態を把握していないと、どこがおかしいのかはわかりません。

正しい状態を知っていればこそ、すぐに「あれ、この液が減っているな」といった異変に気づくことができます。

何か問題がおきたときに、エンジンルームを開けて対処できる人はあまりいないと思います。やはりそこは専門のメカニックの仕事でありますし、素人にはなかなか手出しができません。

それよりも、何か起きる前にその兆候を察知するというのが大切です（「習慣2」で詳しく述べています）。

専門的にはいろいろとチェックしてほしい（エンジンオイルやリザーバータンクの類）部分はあるのですが、ときどきボンネットを開けて眺めるくらいのことでいいので、ぜひ習慣づけてみてください。

ただし、ボンネットの閉め忘れにはくれぐれも気をつけてください。走行中にボンネットが開いてしまうと、大事故を招く恐れがあります。

日曜日の洗車が実は効果的

「点検！点検！」とうるさいほどいっていますが、手っ取り早く点検する方法があります。それは洗車です。

洗車をすると否が応でも点検せざるをえなくなるからです。今ではあまり見かけなくなりましたが、昔は日曜日になると住宅街のあちこちで洗車をするお父さんや子供の姿を見かけたものです。

あれはもちろんクルマをきれいにしたくてやっているのですが、洗車をしていると自然とクルマの状態を把握することができてしまうのです。

現に自分で洗車をしている人のクルマは、とても程度がよく、一台のクルマを長い年月大切に乗っていらっしゃる方が多い傾向にあるのも事実です。

ではなぜ、洗車が点検に、ひいてはクルマを長持ちさせることに繋がるのでしょうか。たとえば、簡単な水洗いだったとしても、そのあと必ず布で拭き上げますよね。そのとき、ボンネットを開けて内側に少し入り込んだ水を拭くはずです。タイヤもブラシでゴシゴシ洗いますよね。

ほら、どうしたってエンジンルームを覗かなくてはならないし、タイヤとも向き合わなければならない。

クルマを長持ちさせるための真の技

クルマはツヤがあってなんぼです。ボディをきれいに保っておくというのは、クルマにもドライバーにも重要です。

洗車時のコツは、「スポンジで円を描くように」とか、「一定の方向にスポンジを動かす」とか、いろいろな極意が巷に出回っていますが、大切なのは洗ったあとの拭き上げです。ボディのツヤにとって大敵は水分です。とにかく洗車のあとは念入りに水分を拭き取ってあげてください。

念のためにお伝えしておきますが、エンジンルームは基本的に乾いた布でさっと拭くくらいにとどめておいてください。洗浄剤などを使ってきれいにするのはやめましょう。洗浄剤はゴム類を傷める可能性がありますし、電装系に水分が入り込むのもよくありませんので。

ちょっと説教クサイ話で恐縮ですが、自分の手でクルマをきれいにするというのはとても大切なことです。

きれいにすることによってクルマへの愛着もわきますし、クルマとより身近に接することができます。

人は物が汚くなるとだんだん嫌になってくるものです。実は長く乗る一番のコツは、きれいな状態をキープすることだったりするのです。

たとえスタンドで洗車するにしても、最後にちょっとタオルを借りて店員さんといっしょに拭くだけでもいいと思います。

ぞうきん一枚でする地味な作業ですが、それが「クルマが長持ちする」一番の秘訣ではないでしょうか。

あとがき

性格的に身を以て体験しないと納得しないために、クルマに関するさまざまな授業料を払ってきました。早い話が無駄なお金です。初めからこうしておけば長く使えたのにと思ったことは数え切れないほどあります。

その経験を少しでもお役に立てられればと思ってまとめた本が、2004年に発売した『カー機能障害は治る』でした。この本は自分としてはわかりやすく書いたつもりだったのですが、一般的にはまだまだわかりづらい内容だったかもしれません。

今回は少しクルマに興味を持ち始めた人でも、もっというなら免許を取り立て、ボンネットなんかクルマを買ってから一度も開けたことないという人にも、理解していただけるように心がけたつもりです。

ですからクルマに詳しい人からすると、今回の『クルマが長持ちする7つの習慣』は簡単すぎると思われるかもしれませんが、それでもいくつかは「へぇ」というポイントがあるのではと期待しています。

ところで、この本を書いていて何度も思ったことがあります。今クルマに乗る人は地球環境に対していったい何ができるのだろうかと。モノがあふれているこの世の中、どうもマズイ方向に向かっているのではと感じている人も多いはずです。

そこで普段の生活にクルマを必要とするわれわれは、身近なことで何ができるのだろうか、自分の専門分野では何ができるのだろうか、と考えてみたのです。

多くの失敗から学んだ私の考えでは、モノを大切にして長持ちさせることこそが環境に対する大きな貢献のひとつなのです。

今回も編集作業では、『カー機能障害は治る』に引き続き、クルマ雑誌『NAVI』の連載「エンスー見栄講座」の最初で最後の生徒であり一番弟子の谷山武士さんには大変お世話になりました。さらに、僕を知り尽くした編集スタッフの皆さんや黒川デザイン事務所のみなさん、二玄社の営業部をはじめとする方々には本当に感謝しております。この本の制作に携わっていただいた方々と、そして最後までこの本を読んでくださった読者のみなさまに深く感謝します。ありがとうございました。

松本英雄

松本英雄

まつもと　ひでお

自動車テクノロジーライター
１９６６年東京都生まれ。
工業高校の自動車科で構造・整備などの実習を教える傍ら、
自動車雑誌等での執筆活動を行う。
自著に『カー機能障害は治る』『通のツール箱』
『クルマは50万円以下で買いなさい！』『クルマニホン人』
（すべて二玄社刊）がある。

あなたのクルマが駄目《だめ》になるワケ教《おし》えます。

クルマが長持《ながも》ちする7つの習慣《しゅうかん》

初版発行　2008年2月29日
6刷発行　2013年6月15日
著者　松本英雄《まつもとひでお》
発行者　渡邉隆男
発行所　株式会社　二玄社
〒113-0021
東京都文京区本駒込6-2-1
電話03-5395-0511
装幀・本文デザイン　黒川デザイン事務所
印刷　シナノ
製本　越後堂製本

ISBN978-4-544-04350-1